STATISTIK

DER

DEUTSCHEN KLEINBAHNEN

VON

GENERALDIREKTOR HASELMANN
AACHEN

———

SONDERABDRUCK

AUS DER

ZEITSCHRIFT »ELEKTRISCHE KRAFTBETRIEBE UND BAHNEN« 1911

VERLAG VON R. OLDENBOURG IN MÜNCHEN UND BERLIN

Sonderabdruck aus der Zeitschrift „Elektrische Kraftbetriebe und Bahnen" 1911, Heft 17 u. f.

Schriftleitung: **Eugen Eichel,** beratender Ingenieur, Berlin SW. 19.

Straſsenbahn-Statistik.

Die nachfolgende Tabelle enthält 14 verschiedene zahlenmäßige Angaben über 177 deutsche Straßenbahnen und Kleinbahnen. Diese Bahnen haben fast ausschließlich elektrischen Betrieb. Den Zusammenstellungen hat zugrunde gelegen die Statistik der Kleinbahnen im Deutschen Reich für das Jahr 1909, welche im Januar d. J. im Verlag von Julius Springer erschienen ist.

In der Tabelle sind die elektrischen Bahnen in alphabetischer Reihenfolge der maßgebenden Ortsnamen aufgeführt. Daneben befinden sich in vierzehn Kolonnen die Zahlenangaben über Anlagekapital, Gleislänge, Personenbeförderung, Wagenkilometer, Einnahmen usw., wie aus dem Kopfe der Tabelle ersichtlich. Die untere in Schrägschrift in jeder Zeile befindliche Zahl gibt, von der höchsten Zahl angefangen, die arithmetische Ordnungsnummer an.

Bei der Berechnung des Anlagekapitals im ganzen und pro km Bahnlänge ist zu berücksichtigen, daß manche Bahnen eigene Kraftwerke besitzen und deshalb größere Anlagekosten haben als andere Bahnen, welche den elektrischen Strom aus fremden Kraftwerken beziehen. Auch sonstige Verschiedenheiten fallen sowohl für die Höhe der Anlagekosten als auch für andere Punkte ins Gewicht.

In der Kolonne »Reingewinn vom Anlagekapital« sind bei einer Anzahl Bahnen mehrere Sätze aufgeführt; letztere sind so aus der Statistik entnommen, wo sie aus verschiedenen Gründen, weil z. B. straßenbahnähnliche und nebenbahnähnliche Linien, eigene und fremde Besitzer, ursprüngliche und spätere Genehmigungen u. dgl., in Frage kamen.

Den Wünschen aus Interessentenkreisen nach kurzen, für schnelle Vergleiche geeignete Übersichten unter Berücksichtigung der wesentlichsten Merkmale der Bahnen ist Rechnung getragen worden. Zu solchen Vergleichen, zu denen die Tabelle anregen soll, mußte den Übersichten eine möglichst gedrängte Form gegeben werden, auf deren Durchführung daher hauptsächlich Wert gelegt worden ist.

Die Wiederholung dieser Zusammenstellungen nach Ablauf weiterer Jahre wird bei einem Vergleich eine entsprechende Erhöhung in den Zahlen aufweisen, da es im Bau und in den Betriebserweiterungen der Straßenbahnen und Kleinbahnen bis auf weiteres keinen Stillstand gibt.

Eingehende Betrachtungen über die Entwicklung der Kleinbahnen auf Grund der Statistik eines Jahres erfolgen in der Regel in den ersten Monatsheften des zweitfolgenden Jahres in der Zeitschrift für Kleinbahnen; ferner wird auf das Jahrbuch der Deutschen Straßen- und Kleinbahn-Zeitung, Berlin 1910, verwiesen.

M a i , 1911.   Haselmann.

Statistik der deutschen Kleinbahnen.

Von Generaldirektor **Haselmann**, Aachen.

Hauptort des Bahnunternehmens	Anlagekapital	Anlagekapital pro km Bahnlänge	Bahnlänge	Personenbeförderung	Personenbeförderung pro km Bahnlänge	pro Wagenkilometer	Wagenkilometer	Wagenkilometer pro km Bahnlänge	Betriebseinnahme	Betriebseinnahme pro km Bahnlänge	pro Wagenkilometer	pro Fahrgast	Reingewinn	Reingewinn in % vom Anlagekapital	Mil
	1	2	3	4	5	6	7	8	9	10	11	12	13	14	15
Aachen	13 544 950	86 109	157.30	18 852 502	124 719	2,54	7 528 210	49 803	2 310 340	15 284	0,31	0,12	905 061	7,53	2,
	15	*147*	*4*	*22*	*140*	*131*	*18*	*135*	*21*	*126*	*92*	*31*	*19*	6,72	8,
														1,64	3,
														11	
Altenburg	660 000 [1]	178 378	3.70	848 736	229 388	3,16	268 647	72 607	77 632	20 990	0,29	0,09	31 583	—	
	135	*60*	*153*	*145*	*90*	*91*	*146*	*93*	*144*	*92*	*110*	*113*	*111*	—	
Allenstein	622 000	124 400	5.00	771 600	161 422	2,43	317 820	66 489	77 160	16 142	0,24	0,10	—	5,00	
	138	*102*	*145*	*149*	*118*	*136*	*141*	*105*	*147*	*122*	*145*	*63*	—	54	
Altona	2 157 973	243 289	8.87	1 185 972	115 143	2,33	508 600	49 379	133 729	12 983	0,26	0,11	—	—	
	83	*34*	*117*	*125*	*144*	*142*	*119*	*136*	*120*	*143*	*136*	*41*	—	—	
Augsburg	3 276 183	181 105	18.09	8 354 725	461 842	3,35	2 492 700	138 071	706 011	39 028	0,28	0,08	295 364	7,13	
	66	*58*	*68*	*47*	*40*	*72*	*48*	*35*	*56*	*46*	*119*	*154*	*47*	16	
Bamberg	1 045 000	144 937	7.21	867 294	120 290	1,97	440 393	61 081	83 654	11 602	0,19	0,10	20 490	1,67	
	116	*82*	*129*	*140*	*141*	*167*	*124*	*115*	*141*	*155*	*168*	*64*	*117*	106	
Barmen	4 047 073	145 108	27.89	6 587 587	236 199	3,42	1 936 207	69 423	794 114	28 469	0,41	0,12	246 495	10,03	0,1
	55	*81*	*44*	*57*	*88*	*64*	*57*	*101*	*52*	*70*	*24*	*32*	*53*	5,23	2,
														4,49	1,2
														3,41	0,4
Berlin, Große	183 724 477	533 912	344.11	466 822 346	1 356 611	4,17	111 953 319	325 342	44 985 050	130 729	0,40	0,10	17 677 382	7,46	143,0
	1	*3*	*1*	*1*	*4*	*21*	*1*	*4*	*1*	*2*	*32*	*65*	*1*	5,24	14,6
														4,43	1,9
														1,62	19,9
														0	4,1
														13	
Berlin, Elektr.	5 693 203	236 921	24.03	17 478 244	712 235	3,70	4 719 133	192 304	1 537 036	62 634	0,33	0,09	388 745	5,90	
	43	*39*	*52*	*25*	*20*	*41*	*27*	*21*	*29*	*23*	*70*	*114*	*38*	30	
Berlin (Hoch- und Untergrundbahn)	71 512 882	3 572 072	20.02	58 117 557	2 902 975	4,31	13 474 906	673 072	7 393 108	369 286	0,55	0,13	4 295 592	3,97	
	2	*1*	*63*	*8*	*1*	*12*	*9*	*1*	*7*	*1*	*5*	*21*	*3*	76	
Berlin, Ostbahnen	6 321 517	366 677	17.24	4 495 123	261 344	3,35	1 342 599	78 058	417 301	24 268	0,31	0,09	—	1,90	
	38	*8*	*71*	*73*	*76*	*73*	*73*	*87*	*76*	*82*	*93*	*115*	—	102	
Berlin, Stadt	3 500 000	334 288	10.47	10 943 129	915 591	5,91	1 850 251	155 483	1 014 960	85 291	0,55	0,09	368 925	10,0[2]	
	64	*10*	*106*	*40*	*9*	*2*	*59*	*29*	*44*	*11*	*6*	*116*	*40*	—	
Bernburg	—	—	2.80	468 809	167 432	1,90	247 905	88 537	35 898	12 821	0,15	0,08	—	—	
			166	*160*	*115*	*91*	*148*	*74*	*165*	*144*	*175*	*155*	—	—	
Bielefeld	1 760 724	133 388	13.20	4 510 914	342 254	3,67	1 230 617	93 370	435 453	33 039	0,35	0,10	110 888	6,29	
	93	*92*	*85*	*72*	*55*	*47*	*80*	*65*	*74*	*56*	*58*	*66*	*76*	24	
Bochum-Gelsenkirchen	13 907 678	147 358	94.38	18 646 166	197 565	3,18	5 868 802	62 182	2 623 710	27 799	0,45	0,14	1 193 140	29,85	0,4
	14	*78*	*8*	*23*	*101*	*87*	*21*	*110*	*18*	*73*	*13*	*16*	*14*	6,49	13,4
														23	
Bonn	6 490 259	236 095	27.49	7 706 753	280 348	3,00	2 566 580	93 364	881 551	32 064	0,34	0,11	355 714	9,06	1,4
	36	*41*	*47*	*52*	*67*	*103*	*47*	*66*	*47*	*59*	*64*	*42*	*42*	1,30	5,0
														111	
Brandenburg (Pferdebetrieb)	500 000	73 529	6.80	1 114 936	163 961	2,15	519 777	76 438	111 724	16 430	0,21	0,10	—	—	
	146	*155*	*132*	*127*	*117*	*156*	*117*	*88*	*128*	*119*	*162*	*67*	—	—	
Braunschweig	—	—	34.81	10 694 897	306 972	2,72	3 941 433	113 130	1 052 392	30 206	0,27	0,10	—	—	
			32	*42*	*60*	*121*	*32*	*42*	*42*	*65*	*132*	*68*	—	—	
Bremen	9 275 651	211 967	43.76	30 590 082	698 814	3,32	9 200 438	210 248	2 820 905	64 461	0,31	0,09	1 106 939	8,26	
	26	*49*	*22*	*15*	*21*	*74*	*14*	*15*	*15*	*19*	*94*	*117*	*16*	7	
Bremerhaven	3 500 000	122 420	28.59	5 883 576	205 791	3,40	1 730 291	60 521	591 467	20 688	0,34	0,10	246 537	6,54	
	65	*106*	*42*	*62*	*98*	*65*	*63*	*118*	*63*	*95*	*65*	*69*	*52*	22	
Breslau, Str.-Eisenb.	9 940 132	319 413	31.12	45 580 081	1 464 656	4,27	10 690 085	343 512	3 414 123	109 708	0,32	0,07	1 327 506	9,31	
	23	*11*	*11*	*3*	*3*	*12*	*12*	*3*	*3*	*9*	*79*	*173*	*12*	5	
Breslau, Elektr.	7 203 788	430 077	16.75	11 234 503	673 128	3,01	3 734 109	223 733	1 057 476	63 360	0,28	0,09	429 895	4,23	
	34	*4*	*73*	*39*	*24*	*101*	*33*	*13*	*41*	*22*	*120*	*118*	*33*	65	
Breslau, Stadt	3 557 100	287 791	12.36	10 121 228	623 228	3,11	3 257 607	200 592	826 538	50 895	0,25	0,08	171 528	4,82	
	61	*21*	*91*	*44*	*28*	*98*	*40*	*19*	*51*	*35*	*144*	*156*	*64*	56	

¹) Einschließlich Kraftwerk. — ²) Schätzungsweise.

Hauptort des Bahnunternehmens	Anlagekapital	Anlagekapital pro km Bahnlänge	Bahnlänge	Personenbeförderung	Personenbeförderung pro km Bahnlänge	pro Wagenkilometer	Wagenkilometer	Wagenkilometer pro km Bahnlänge	Betriebseinnahme	Betriebseinnahme pro km Bahnlänge	pro Wagenkilometer	pro Fahrgast	Reingewinn	Reingewinn in % vom Anlagekapital	Mill.
	1	2	3	4	5	6	7	8	9	10	11	12	13	14	15
Friesen	288 126	87 843	3.28	105 113	32 016	3,19	32 958	10 048	22 177	6 764	0,68	0,21	19 119	6,44	
	155	143	158	177	174	84	175	175	174	173	2	2	118	—	
Bromberg	1 919 938	162 845	11.79	3 332 338	282 641	2,33	1 430 127	121 300	308 502	26 167	0,22	0,09	136 319	5,41	
	90	69	98	87	66	143	69	49	90	77	156	119	69	43	
Cannstatt	212 383	60 165	3.53	1 878 730	532 218	4,26	441 218	124 990	184 555	52 282	0,42	0,10	49 492	19,25	
	164	162	156	105	33	17	123	44	103	30	21	70	100	—	
Cassel, Große	8 041 586	290 310	27.70	11 896 737	435 140	3,55	3 354 982	122 713	1 266 111	46 310	0,38	0,11	418 852	4,20	
	31	20	46	37	44	59	38	46	35	39	42	43	34	66	
Celle	226 576	60 259	3.76	648 318	172 425	3,93	164 843	43 841	55 296	14 706	0,34	0,09	18 935	5,50	
	161	161	151	152	113	31	146	147	157	131	66	120	120	—	
Chemnitz	11 991 975	332 096	36.11	23 248 726	644 723	3,45	6 827 924	189 338	2 249 549	62 380	0,33	0,10	710 017	3,90	
	19	11	31	19	26	62	20	22	22	25	71	71	23	80	
Coblenz	5 406 810	110 006	49.15	7 803 483	158 769	2,78	2 803 806	57 046	879 383	17 892	0,31	0,11	—	5,19	
	45	122	17	50	122	119	45	125	48	110	95	44	—	48	
Cöln	24 424 311[1]	230 527	105.95	95 839 409	904 572	4,28	22 387 286	211 300	8 383 768	79 129	0,37	0,09	2 353 711	7,24	19,853
	8	45	7	3	10	14	5	14	5	12	51	121	8	0,04	0,808
														0,01	3,066
														0	0,697
														15	
Colmar	406 500	156 950	2.59	1 051 725	406 071	3,16	332 588	128 412	96 210	37 147	0,29	0,09	26 742	6,58	
	150	74	170	130	46	92	139	40	133	49	111	122	113	—	
Köpenick	2 156 000	84 949	25.38	4 310 000	173 580	3,58	1 206 800	48 600	340 803	13 725	0,28	0,08	123 021	5,70	
	84	150	51	114	110	55	81	139	84	139	121	157	74	34	
Crefeld	5 860 022	123 447	47.47	11 571 736	275 714	3,40	3 406 248	81 159	1 184 395	28 220	0,35	0,10	350 101	7,76	0,259
	42	104	19	38	70	66	37	83	39	71	59	72	44	3,58	5,601
														83	
Danzig	9 607 000	232 053	41.40	14 415 232	348 194	2,69	5 392 190	130 246	1 517 975	36 666	0,28	0,11	625 877	5,47	
	25	43	26	30	54	123	25	30	30	51	122	45	27	39	
Darmstadt	1 619 440	136 662	11.85	4 270 000	360 337	3,60	1 183 962	99 912	390 962	32 992	0,33	0,09	64 810	2,33	
	97	90	96	75	51	53	82	59	80	57	72	123	92	100	
Dessau	1 834 616	145 836	12.58	1 986 361	157 898	2,28	870 626	69 207	199 030	15 821	0,23	0,10	92 264	2,70	
	91	80	90	102	124	146	96	102	101	124	152	73	82	96	
Detmold	586 315	63 045	9.30	616 638[3]	66 305	1,70	368 519	39 626	82 219	8 841	0,22	0,13	—	—	
	140	160	112	155	170	174	134	151	142	166	157	22	—	—	
Döbeln, Pferdebetrieb	135 000	50 000	2.70	237 361	87 911	—	—	—	23 640	8 755	—	0,10	9 573	5,32	
	169	165	168	171	161	—	—	—	173	167	—	74	131	—	
Dortmund, Ldkrs.	4 113 218	96 577	42.49	4 092 134	96 308	1,91	2 141 963	50 411	606 563	14 275	0,28	0,15	197 507	4,43	1,437
	54	134	23	79	153	170	52	134	62	134	123	10	61	2,72	2,109
														1,85	0,567
														64	
Dortmund, Stadt	8 714 312	275 334	31.65	18 927 382	683 300	4,58	4 135 781	149 306	1 781 568	64 316	0,43	0,09	541 313	4,00	
	30	26	34	21	22	5	30	31	25	20	18	124	29	72	
Dresden, Stadt	46 862 418	413 212	113.41	93 284 687	827 432	3,18	29 356 165	260 388	9 646 238	85 562	0,33	0,10	3 163 696	6,02	
	5	5	6	4	16	88	3	7	3	10	73	75	4	28	
Dresden, Staatsfiskus	3 550 507	160 366	22.14	4 932 012	222 765	2,28	2 163 326	97 711	684 732	30 927	0,32	0,14	155 017	2,68	1,479
	62	70	58	68	92	147	51	62	57	60	80	17	68	2,27	1,307
														0	0,764
														97	
Dresden, Vorortsbahn	427 775	72 627	5.89	635 296	107 860	2,29	276 920	47 015	66 525	11 260	0,24	0,10	16 399	3,60	
	149	156	139	153	147	145	143	145	153	156	146	76	123	82	
Düsseldorf Stadt	12 791 919	206 221	62.03	48 811 725	867 764	4,30	11 355 669	201 879	4 094 998	72 800	0,36	0,08	1 321 741	3,10	
	16	52	13	10	14	13	10	17	10	14	54	158	13	91	
Düsseldorf (Rhein. Bahnges.)	6 282 680	150 953	41.62	5 839 164	140 297	3,62	1 611 847	38 728	1 088 946	26 164	0,68	0,19	319 746	8,55	5,670
	39	77	25	63	134	51	67	152	40	78	3	3	46	3,18	0,613
														5,26	
														—	
Düsseldorf-Duisburg	2 405 980	115 895	20.76	2 247 368	96 000	2,03	1 107 198	47 339	348 226	14 875	0,31	0,15	172 418	4,76	
	77	114	61	96	154	163	84	144	83	129	96	11	63	59	
Düren, Dampfstrb. (Dampfbetrieb)	1 611 394	166 466	9.68	526 466	60 793	2,92	180 024	20 788	53 559	6 185	0,30	0,10	65 916	3,15	
	99	66	108	158	172	109	161	168	159	174	105	77	91	90	
Duisburg	7 104 375	258 906	27.44	13 024 964	474 671	3,80	3 428 081	124 926	1 397 702	50 937	0,41	0,11	562 729	6,90	
	35	30	48	34	39	36	36	45	31	34	25	46	28	20	
Eisenach	826 000[2]	141 924	5.82	883 319	189 148	3,22	270 881	58 004	87 651	18 769	0,32	0,10	—	—	
	128	84	140	138	105	82	145	123	139	106	81	78	—	—	
Elbing	746 776	107 916	6.92	1 106 955	159 964	2,75	402 279	58 133	105 246	15 209	0,26	0,10	—	1,5-2	
	131	125	131	128	119	120	129	122	130	128	137	79	—	101	
Elberfeld (Berg. Kleinbahn)	8 975 197	101 483	88.44	7 764 119	87 790	2,37	3 273 935	37 019	1 272 770	14 391	0,39	0,16	443 879	8,15	0,509
	29	129	9	51	162	141	39	155	34	132	39	8	32	6,03	2,080
														4,19	3,187
														4,12	1,335
														4,05	1,863
														27	
Elberfeld, Schwebeb.	15 444 065	1 161 208	13.30	11 897 400	894 541	3,91	2 998 281	246 161	1 393 041	104 739	0,46	0,12	631 353	3,29	
	12	2	84	36	11	32	43	8	32	6	10	33	26	87	

1) Einschließlich Anteil an den Baukosten für das Kraftwerk Ostheim. — 2) Einschließlich Kraftwerk. — 3) Geschätzt.

Hauptort des Bahnunternehmens	Anlagekapital	Anlagekapital pro km Bahnlänge	Bahnlänge	Personenbeförderung	Personenbeförderung pro km Bahnlänge	pro Wagenkilometer	Wagenkilometer	Wagenkilometer pro km Bahnlänge	Betriebseinnahme	Betriebseinnahme pro km Bahnlänge	pro Wagenkilometer	pro Fahrgast	Reingewinn	Reingewinn in % vom Anlagekapital	Mi
	1	2	3	4	5	6	7	8	9	10	11	12	13	14	15
Elberfeld-Barmen . .	5 983 309	273 210	21.90	13 889 957	634 226	3,37	4 122 426	188 238	1 276 484	58 287	0,31	0,09	280 462	5,01	4,3
	41	*27*	*60*	*31*	*27*	*68*	*31*	*23*	*33*	*27*	*97*	*125*	*49*	*0*	*1,5*
														53	
Eltville, Dampfbetrieb	533 251	69 706	7.65	110 772	14 480	1,98	55 996	7 319	43 835	5 730	0,78	0,40	9 438	1,29	
	144	*157*	*127*	*176*	*176*	*166*	*172*	*176*	*163*	*175*	*1*	*1*	*132*	*112*	
Emden	334 500	89 438	3.74	861 225	230 274	3,87	222 470	59 484	63 118	16 876	0,28	0,07	—	0,25	
	154	*140*	*152*	*142*	*89*	*33*	*155*	*120*	*154*	*115*	*124*	*174*	—	—	
Erfurt	2 187 222	122 877	17.80	5 924 356	332 829	2,92	2 028 890	113 932	535 142	30 064	0,26	0,09	201 418	6,12	
	82	*105*	*69*	*61*	*57*	*110*	*55*	*51*	*66*	*66*	*138*	*126*	*60*	*26*	
Essen	19 000 000	312 346	60.83	29 278 241	478 246	3,78	7 734 737	126 343	3 180 592	51 953	0,41	0,11	1 499 030	7,08	
	9	*15*	*14*	*16*	*38*	*37*	*17*	*41*	*12*	*31*	*26*	*47*	*10*	*18*	
Flensburg	776 000	236 585	3.28	1 845 472	562 644	4,47	413 756	126 045	162 469	49 533	0,39	0,09	53 531	6,00	
	130	*40*	*159*	*106*	*31*	*9*	*127*	*42*	*109*	*37*	*40*	*127*	*98*	—	
Frankfurt a. M. . .	18 681 612	281 859	66.28	87 194 919	1 336 321	3,63	24 017 512	368 084	8 284 280	126 962	0,34	0,09	3 033 338	11,64	
	10	*25*	*12*	*6*	*5*	*49*	*4*	*2*	*6*	*3*	*67*	*128*	*5*	*3*	
Frankfurt a. d. O. .	1 647 389	137 512	11.98	2 857 876	238 554	2,21	1 292 962	107 927	266 502	22 246	0,20	0,09	94 255	4,50	
	96	*89*	*94*	*89*	*87*	*152*	*76*	*55*	*95*	*86*	*164*	*129*	*80*	*62*	
Freiberg i. S. . . .	222 700	89 438	2.49	364 365	146 331	1,73	209 993	84 334	32 773	13 161	0,15	0,09	—	—	
	162	*141*	*171*	*165*	*129*	*173*	*158*	*78*	*166*	*142*	*176*	*130*			
Freiburg i. Brsg. . .	4 156 785	315 147	13.19	5 085 796	422 264	4,00	1 272 102	103 592	529 354	43 107	0,42	0,10	168 040	4,04	
	53	*13*	*86*	*45*	*29*		*78*	*58*	*67*	*41*	*22*	*80*	*66*	*70*	
Gera	2 808 042¹)	231 305	12.14	2 119 081	209 810	2,83	749 780	74 235	176 223	17 447	0,24	0,08	36 319	—	
	71	*44*	*93*	*100*	*95*	*115*	*101*	*89*	*105*	*112*	*147*	*159*	*107*	—	
Gevelsberg	790 989	66 976	11.81	1 249 388	108 927	2,83	441 949	38 531	142 264	12 403	0,32	0,11	49 751	2,40	
	129	*158*	*97*	*121*	*146*	*116*	*122*	*153*	*116*	*147*	*82*	*48*	*99*	*98*	
Görlitz	2 040 274	126 568	16.12	2 736 723	169 772	2,11	1 296 510	80 429	279 799	17 357	0,22	0,10	72 384	1,83	
	86	*98*	*75*	*90*	*114*	*157*	*75*	*84*	*94*	*114*	*158*	*81*	*85*	*104*	
Gotha	566 067	124 960	4.53	1 147 561	253 322	2,89	397 487	87 745	93 428	20 624	0,24	0,08	—	—	
	142	*101*	*148*	*126*	*79*	*113*	*130*	*75*	*136*	*96*	*148*	*160*	—	—	
Graudenz	627 460	174 294	3.60	1 786 200	510 343	3,74	479 172	136 906	134 880²)	38 537	0,28	0,08	69 304	10,44	
	137	*61*	*154*	*107*	*36*	*39*	*121*	*36*	*119*	*47*	*125*	*161*	*88*	—	
Groß-Lichterfelde . .	3 582 100	158 851	22.55	4 725 092	209 538	3,68	1 282 559	56 876	485 862	21 612	0,38	0,10	201 885	4,79	2,30
	60	*73*	*57*	*70*	*96*	*46*	*77*	*127*	*72*	*90*	*43*	*82*	*59*	*3,50*	*1,2*
														58	
Guben	336 437	137 883	2.44	590 297	241 925	2,82	209 142	89 812	54 122	22 181	0,26	0,09	9 960	1,45	
	153	*88*	*174*	*156*	*84*	*117*	*159*	*71*	*158*	*87*	*139*	*131*	*130*	—	
Hagen i. W.	2 556 895	90 414	28.28	6 916 821	244 583	4,21	1 644 107	58 136	744 635	26 331	0,45	0,11	220 613	3,45	
	74	*139*	*43*	*54*	*83*	*19*	*65*	*121*	*53*	*75*	*14*	*49*	*56*	*84*	
Hagen, Westf. Kleinb.	3 030 281	131 238	23.09	1 927 108	83 456	2,23	863 678	37 405	254 647	11 028	0,29	0,13	—	—	
	67	*94*	*55*	*103*	*163*	*150*	*97*	*154*	*96*	*157*	*112*	*23*	—	—	
Halle a. d. S.. . . .	6 047 105	204 360	29.59	10 933 880	369 513	2,57	4 256 238	143 502	1 208 515	40 842	0,28	0,11	—	5,20	3,97
	40	*53*	*40*	*41*	*50*	*129*	*29*	*32*	*37*	*44*	*126*	*50*	—	*4,17*	*2,06*
														47	
Hallesche Straßenbahn	2 450 000	292 014	8.39	5 183 301	600 614	3,00	1 728 380	200 276	520 676	60 333	0,30	0,10	179 082	5,43	
	76	*19*	*122*	*58*	*29*	*104*	*64*	*20*	*69*	*26*	*106*	*83*	*62*	*42*	
Halberstadt	1 049 464	94 717	11.08	2 172 942	196 114	2,68	811 470	73 237	208 127	18 784	0,26	0,10	59 715	5,30	
	115	*137*	*100*	*98*	*102*	*125*	*99*	*91*	*99*	*105*	*140*	*84*	*95*	*44*	
Hamm i. W.	956 324	119 840	7.98	1 662 750	208 364	2,91	571 761	71 649	147 062	18 429	0,26	0,09	25 446	—	
	119	*109*	*124*	*111*	*97*	*111*	*113*	*95*	*114*	*108*	*141*	*132*	*114*	—	
Hamburg	54 585 500	313 998	173.84	128 448 260	720 526	2,93	43 860 303	246 033	16 477 824	92 432	0,38	0,13	6 318 057	8,18	
	3	*14*	*2*	*2*	*19*	*108*	*2*	*9*	*2*	*9*	*44*	*24*	*8*	*8*	
Hamburg-Altona . .	3 003 084	198 880	15.10	15 411 909	1 020 656	4,34	3 551 595	235 205	1 541 312	102 073	0,43	0,10	639 272	13,32	
	68	*55*	*80*	*28*	*8*	*10*	*35*	*11*	*28*	*7*	*19*	*85*	*25*	*2*	
Hanau	880 858	100 900	8.73	1 204 223	172 648	3,15	381 735	54 729	121 226	17 380	0,32	0,10	38 064	3,03	
	124	*130*	*118*	*122*	*111*	*95*	*132*	*128*	*126*	*113*	*83*	*86*	*105*	*92*	
Hannover	50 413 186	309 663	162.80	49 530 600	304 242	3,19	15 548 200	95 505	4 981 634	30 600	0,32	0,10	2 122 211	4,03	
	4	*16*	*3*	*7*	*62*	*85*	*8*	*64*	*9*	*63*	*84*	*87*	*9*	*71*	
Heidelberg	4 041 000	134 745	29.99	6 761 460	226 391	4,19	1 614 210	53 825	730 922	24 372	0,45	0,11	351 200	8,95	0,92
	56	*91*	*39*	*55*	*91*	*20*	*66*	*129*	*54*	*81*	*15*	*51*	*43*	*5,17*	*1,21*
														3,50	*1,90*
														50	
Heilbronn	669 000	86 883	7.70	2 150 037	279 225	4,09	525 354	68 228	158 764	20 619	0,30	0,08	44 170	2,40	
	134	*146*	*125*	*99*	*69*	*24*	*116*	*104*	*110*	*97*	*107*	*162*	*101*	—	
Herne-Recklinghausen	882 000	98 990	8.91	2 266 719	252 982	3,58	631 962	70 531	332 471	37 106	0,53	0,15	124 868	7,95	
	123	*131*	*116*	*95*	*80*	*56*	*107*	*99*	*86*	*50*	*7*	*12*	*73*	*10*	
Herne, Kom. Strb.-Ges. in Eickel	1 700 000	125 647	13.53	1 199 728	88 672	1,65	724 854	53 574	158 670	11 727	0,22	0,14	19 107	1,00	
	95	*99*	*83*	*124*	*160*	*175*	*103*	*130*	*111*	*154*	*159*	*18*	*119*	*114*	
Hildesheim	549 426	153 901	3.57	1 101 884	308 651	3,13	351 268	98 394	110 188	30 865	0,31	0,10	—	6,00	
	143	*76*	*155*	*59*	*97*		*137*	*60*	*129*	*61*	*98*	*88*			
Hirschberg	2 000 000	156 495	12.78	1 704 590	133 379	2,71	629 434	49 251	254 496	19 914	0,40	0,15	118 879	5,30	
	88	*75*	*89*	*109*	*135*	*122*	*108*	*137*	*97*	*98*	*33*	*13*	*75*	*45*	
Hörde	4 857 307	130 258	37.29	3 933 043	105 472	2,05	1 918 965	51 461	520 859	13 968	0,28	0,13	133 999	1,90	
	48	*95*	*29*	*81*	*150*	*159*	*58*	*133*	*68*	*137*	*127*	*25*	*70*	*103*	

¹) Einschließlich Kraftwerk. — ²) Zahlkastensystem.

Hauptort des Bahnunternehmens	Anlagekapital	Anlagekapital pro km Bahnlänge	Bahnlänge	Personenbeförderung	Personenbeförderung pro km Bahnlänge	Personenbeförderung pro Wagenkilometer	Wagenkilometer	Wagenkilometer pro km Bahnlänge	Betriebseinnahme	Betriebseinnahme pro km Bahnlänge	Betriebseinnahme pro Wagenkilometer	Betriebseinnahme pro Fahrgast	Reingewinn	Reingewinn in % vom Anlagekapital	Mill.
	1	2	3	4	5	6	7	8	9	10	11	12	13	14	15
…of in Bayern . . .	432 011	138 465	3.12	538 000	172 436	2,38	221 455	70 979	52 546	16 842	0,24	0,10	—	—	
	148	*87*	*164*	*157*	*112*	*140*	*156*	*97*	*161*	*117*	*149*	*89*	—	—	
…omberg a. Rh. . . .	1 350 000	87 097	15.50	374 194	30 075	1,55	242 265	19 428	42 821	3 434	0,18	0,11	—	—	
	107	*145*	*77*	*164*	*175*	*176*	*151*	*172*	*164*	*177*	*171*	*52*	—	—	
…omburg v. d. H. .	1 950 397	178 936	10.90	768 059	72 527	3,10	2 47 740	23 394	129 377	12 217	0,52	0,17	53 939	1,53	
	89	*59*	*103*	*150*	*169*	*100*	*150*	*167*	*122*	*148*	*8*	*7*	*97*	*107*	
…tar	400 000[1]	103 896	3.85	481 170	125 239	3,11	154 670	40 174	58 668	15 238	0,38	0,12	—	—	
	151	*126*	*150*	*159*	*138*	*99*	*163*	*150*	*155*	*127*	*45*	*34*	—	—	
…golstadt, Pferdebetr.	160 000	49 079	3.26	303 388	93 063	2,91	104 071	31 924	48 019	14 729	0,46	0,16	10 487	6,55	
	166	*167*	*160*	*166*	*157*	*112*	*166*	*160*	*162*	*130*	*11*	*9*	*129*	—	
…ena	1 574 393[1]	111 738	14.09	1 288 443	93 910	2,26	570 660	41 593	129 234	9 419	0,23	0,10	—	—	
	101	*119*	*82*	*120*	*156*	*148*	*114*	*148*	*123*	*164*	*153*	*90*	—	—	
…terbog, Pferdebetr.	98 000	30 625	3.20	205 591	64 247	3,23	63 395	19 810	26 875	8 398	0,42	0,13	8 507	4,70	
	170	*170*	*161*	*173*	*171*	*79*	*171*	*170*	*170*	*170*	*23*	*26*	*133*	*60*	
…arlsruhe	6 337 478	389 999	16.25	13 608 809	837 465	4,58	2 973 744	183 000	1 193 132	73 423	0,40	0,09	410 024	4,07	
	37	*7*	*74*	*32*	*15*	*6*	*44*	*25*	*38*	*13*	*34*	*133*	*35*	*69*	
…attowitz	24 583 683	213 883	114.94	14 445 894	125 682	2,62	5 518 442	48 112	2 683 718	23 349	0,49	0,19	821 741	3,96	14,300
	7	*47*	*5*	*29*	*137*	*126*	*23*	*141*	*17*	*85*	*9*	*4*	*20*	*2,36*	5,183
															77
…iel	7 319 192	286 915	25.51	12 857 907	531 318	3,54	3 627 631	149 902	1 245 969	51 386	0,34	0,10	496 223	4,67	
	33	*22*	*50*	*34*	*34*	*60*	*34*	*30*	*36*	*32*	*68*	*91*	*30*	*61*	
…önigsberg	9 780 394	232 205	42.12	17 294 407	445 158	3,18	5 443 322	140 113	1 714 812	44 139	0,32	0,10	472 321	5,18	
	24	*42*	*24*	*27*	*42*	*89*	*24*	*34*	*26*	*40*	*85*	*92*	*31*	*49*	
…ottbus	1 245 957	110 067	11.32	1 992 246	175 993	1,90	1 046 364	92 435	199 997	17 668	0,19	0,10	17 426	1,36	
	110	*121*	*99*	*101*	*108*	*172*	*89*	*69*	*100*	*111*	*169*	*93*	*121*	*109*	
…reuznach	459 155	85 029	5.40	428 928	79 431	1,94	220 662	40 863	57 405	-10 631	0,26	0,13	2 834	—	
	147	*149*	*141*	*162*	*165*	*169*	*157*	*149*	*156*	*160*	*142*	*27*	*139*	—	
…andsberg a. W. . . .	1 368 369	207 959	6.58	942 906	143 876	1,96	481 110	73 117	77 314	11 750	0,16	0,08	—	—	
	106	*50*	*134*	*133*	*131*	*168*	*120*	*92*	*146*	*153*	*172*	*163*	—	—	
…andshut, Pferdebetr.	213 000	88 750	2.40	300 000	125 000	3,56	84 280	35 116	30 000	12 500	0,36	0,10	1 750	—	
	163	*142*	*175*	*167*	*139*	*58*	*167*	*158*	*168*	*146*	*55*	*94*	*140*	—	
…eipzig, Große . . .	28 376 268	410 952	69.05	73 802 281	1 068 824	3,63	20 318 531	294 258	6 692 233	96 919	0,33	0,09	2 930 466	8,01	27,223
	6	*6*	*11*	*7*	*7*	*50*	*7*	*5*	*8*	*8*	*74*	*134*	*7*	*4,44*	1,153
															9
…eipzig, Elektr. . . .	12 702 221	272 990	46.53	30 688 786	659 548	2,87	10 701 177	229 984	2 908 219	62 502	0,27	0,09	1 121 042	5,65	
	17	*28*	*20*	*14*	*25*	*114*	*11*	*12*	*13*	*24*	*133*	*135*	*15*	*35*	
…iegnitz	1 010 000	131 854	7.66	1 202 423	156 974	1,99	604 478	78 914	97 330	12 706	0,16	0,08	16 861	0,95	
	118	*93*	*126*	*123*	*126*	*164*	*111*	*85*	*132*	*145*	*173*	*164*	*122*	*116*	
…oschwitz	252 169	42 169	5.98	865 171	144 677	2,18	396 250	66 263	124 185	20 767	0,31	0,14	13 861	0,87	
	159	*169*	*137*	*141*	*130*	*155*	*131*	*106*	*125*	*93*	*99*	*19*	*126*	*117*	
…ockwitz	738 015	80 219	9.20	455 881	49 552	2,51	181 880	19 769	80 378	8 737	0,44	0,18	31 734	2,92	
	132	*152*	*113*	*161*	*173*	*132*	*160*	*171*	*143*	*168*	*16*	*6*	*110*	*95*	
…udwigshafen . . .	1 527 000	125 061	12.21	6 265 140	513 115	3,60	1 739 136	142 435	661 702	54 193	0,38	0,11	76 045	3,96	
	103	*100*	*92*	*59*	*35*	*54*	*62*	*33*	*58*	*29*	*46*	*53*	*84*	*78*	
…übeck	4 200 000	247 787	16.95	6 368 987	375 751	2,99	2 126 806	125 475	616 397	36 366	0,29	0,10	248 252	3,93	
	52	*33*	*72*	*58*	*49*	*105*	*53*	*43*	*60*	*52*	*113*	*95*	*51*	*79*	
…agdeburg	10 805 000	296 170	36.82	29 156 653	796 848	3,97	7 345 597	200 754	2 582 398	70 577	0,35	0,09	1 019 256	6,73	
	21	*18*	*30*	*17*	*17*	*30*	*19*	*18*	*19*	*16*	*60*	*136*	*18*	*21*	
…ainz	4 721 807	197 896	23.86	9 380 748	393 157	3,61	2 597 127	108 844	864 794	36 244	0,33	0,09	255 956	4,00	
	49	*56*	*53*	*45*	*47*	*52*	*46*	*54*	*49*	*53*	*75*	*137*	*50*	*73*	
…annheim	9 082 455[2]	301 843	30.09	20 397 145	681 950	3,84	5 310 827	177 560	1 909 844	63 853	0,36	0,09	408 559	1,36	
	27	*17*	*38*	*20*	*23*	*34*	*26*	*26*	*24*	*21*	*56*	*138*	*37*	*110*	
…ansfeld	5 439 775	170 793	31.85	3 416 061	107 255	4,15	822 954	25 838	382 159	11 999	0,46	0,11	—	3,25	
	44	*63*	*33*	*84*	*149*	*22*	*98*	*166*	*81*	*151*	*12*	*54*	—	*88*	
…arburg, Pferdebetr.	60 682	24 469	2.48	258 401	104 194	3,46	74 752	28 105	25 840	10 419	0,35	0,10	320	2,52	
	172	*173*	*172*	*170*	*152*	*61*	*169*	*164*	*172*	*161*	*61*	*96*	*143*	—	
…eißen	1 243 860	192 847	6.45	893 645	192 181	3,14	284 610	61 206	77 351	16 634	0,27	0,09	36 535	0,01	
	111	*57*	*135*	*136*	*103*	*96*	*142*	*114*	*145*	*118*	*134*	*139*	*106*	—	
…emel	2 800 000	255 941	10.94	1 031 226	94 262	1,99	519 225	47 461	97 969	8 955	0,19	0,10	—	—	
	72	*31*	*102*	*131*	*155*	*165*	*118*	*143*	*131*	*165*	*170*	*97*	—	—	
…etz	4 945 380	251 929	19.63	6 642 381	356 160	3,16	2 100 137	112 608	709 889	38 064	0,34	0,11	215 873	3,19	
	47	*32*	*66*	*56*	*53*	*93*	*54*	*53*	*55*	*48*	*69*	*55*	*58*	*89*	
….-Gladbach	5 208 965	112 926	46.13	8 047 797	174 459	3,36	2 395 054	51 920	889 417	19 283	0,37	0,11	356 104	5,49	1,490
	46	*118*	*21*	*49*	*109*	*70*	*49*	*132*	*46*	*102*	*52*	*56*	*41*	*4,75*	3,719
															37
…inden, Dampfbetrieb	263 899	48 961	5.39	850 256	157 747	5,56	152 881	28 364	53 075	9 847	0,35	0,06	12 378	1,77	
	158	*168*	*142*	*144*	*125*	*3*	*164*	*163*	*160*	*163*	*62*	*176*	*127*	*105*	
…örs	1 730 000	286 899	6.03	1 352 074	211 262	3,71	364 338	56 928	177 971	27 808	0,41	0,13	66 439	4,50	
	94	*23*	*136*	*94*	*40*	*40*	*135*	*126*	*104*	*72*	*27*	*28*	*90*	*63*	
…ülhausen i. Els. . . .	3 643 411	237 665	15.33	4 094 855	267 113	2,81	1 423 875	92 880	400 944	26 154	0,28	0,10	168 965	3,81	
	59	*37*	*79*	*78*	*75*	*118*	*70*	*68*	*78*	*79*	*128*	*98*	*65*	*81*	
…ühlhausen, Th. . . .	1 103 105	116 978	9.43	1 391 973	147 611	2,33	579 498	61 453	114 650	12 158	0,20	0,08	33 122	3,00	
	113	*111*	*110*	*115*	*128*	*144*	*112*	*113*	*127*	*149*	*165*	*165*	*108*	*93*	

[1]) Einschließlich Kraftwerk. — [2]) Einschließlich der Depotanlage und der Betriebsmittel für die Ludwigshafener Bahn.

Hauptort des Bahnunternehmens	Anlage-kapital	Anlage-kapital pro km Bahnlänge	Bahn-länge	Personen-beförderung	Personen-beförderung pro km Bahnlänge	Personen-beförderung pro Wagen-kilometer	Wagen-kilometer	Wagen-kilometer pro km Bahnlänge	Betriebs-einnahme	Betriebseinnahme pro km Bahnlänge	Betriebseinnahme pro Wagen-kilometer	Betriebseinnahme pro Fahrgast	Rein-gewinn	Reingewinn in % vom Anlagekapital	Mi
	1	2	3	4	5	6	7	8	9	10	11	12	13	14	15
Mülheim, Rhein	2 857 196	140 334	20.36	2 394 200	119 005	2,26	1 057 855	52 603	309 449	15 388	0,29	0,13	68 104	4,80	I,
	70	*86*	*62*	*93*	*142*	*149*	*87*	*131*	*89*	*125*	*114*	*29*	*89*	*0*	I,
														57	
Mülheim, Ruhr	2 477 683	112 982	21.93	4 118 646	203 290	3,28	1 256 900	62 039	400 289	19 758	0,32	0,10	108 681	2,40	
	75	*117*	*59*	*77*	*100*	*77*	*79*	*111*	*79*	*99*	*86*	*99*	*77*		
München	18 161 737	239 127	75.95	90 486 343	1 201 677	4,10	22 060 395	292 966	8 856 060	117 610	0,40	0,10	3 000 848	13,59	
	11	*36*	*10*	*5*	*6*	*23*	*6*	*6*	*4*	*4*	*35*	*100*	*6*	*1*	
Münster i. W.	1 310 656	143 870	9.11	3 706 383	460 993	3,77	983 410	122 315	328 688	40 882	0,33	0,09	131 170	9,00	
	108	*83*	*114*	*82*	*41*	*38*	*92*	*47*	*87*	*43*	*76*	*140*	*71*	*6*	
Naumburg	251 029	74 489	3.37	809 169	240 109	3,36	240 529	71 373	72 261	21 443	0,30	0,09	23 882	2,94	
	160	*154*	*157*	*147*	*85*	*71*	*152*	*96*	*148*	*91*	*108*	*141*	*115*		
Neunkirchen	911 754	172 354	5.29	1 477 577	279 353	4,06	363 592	68 732	139 073	26 289	0,38	0,09	38 838	1,66	
	121	*62*	*143*	*113*	*68*	*25*	*136*	*103*	*118*	*76*	*47*	*142*	*103*	—	
Neumühl	1 833 499[1]	116 413	15.75	2 510 445	159 191	3,32	756 441	47 967	310 726	19 704	0,41	0,12	126 318	14,50	0,
	92	*113*	*76*	*92*	*120*	*75*	*100*	*142*	*88*	*100*	*28*	*35*	*72*	*5,73*	I,
														33	
Neuwied	1 583 484	79 452	19.93	650 937	91 681	2,59	251 024	35 355	95 042	13 386	0,38	0,15	32 496	4,00	
	100	*153*	*64*	*151*	*158*	*128*	*147*	*157*	*135*	*141*	*48*	*14*	*109*	*74*	
Nordhausen	651 313	129 229	5.04	888 776	176 344	2,04	436 338	86 575	70 016	13 892	0,16	0,08	—	—	
	136	*97*	*144*	*137*	*107*	*161*	*126*	*76*	*151*	*138*	*174*	*166*	—	—	
Nürnberg	14 979 057	364 454	41.10	34 077 165	869 537	3,57	9 531 510	243 213	2 820 450	71 968	0,29	0,08	1 382 265	7,09	
	13	*9*	*27*	*12*	*13*	*57*	*13*	*10*	*16*	*15*	*115*	*167*	*11*	*17*	
Oberhausen	2 374 944	101 929	23.30	3 350 300	143 790	2,39	1 398 377	60 016	381 337	16 366	0,27	0,11	99 475	4,19	
	79	*128*	*54*	*86*	*132*	*138*	*71*	*119*	*82*	*120*	*135*	*57*	*79*	*67*	
Offenbach	1 457 473	218 185	6.68	8 644 000	1 467 572	8,59	994 812	168 899	293 498	49 830	0,29	0,03	93 224	3,45	
	104	*46*	*133*	*46*	*2*	*1*	*91*	*28*	*92*	*36*	*116*	*177*	*81*	*85*	
Osnabrück	608 993	124 031	4.91	1 478 643	301 149	3,38	437 396	89 082	143 823	29 292	0,33	0,10	63 791	5,55	
	139	*103*	*147*	*112*	*64*	*72*	*125*	*72*	*115*	*68*	*77*	*101*	*93*	*36*	
Paderborn	895 527	110 845	8.08	621 292	76 893	2,51	247 852	30 675	95 158	11 777	0,38	0,15	39 990	4,15	
	122	*120*	*123*	*154*	*168*	*133*	*149*	*161*	*134*	*152*	*49*	*15*	*102*	*68*	
Pirmasens	283 536	114 329	2.48	968 573	390 554	4,34	223 413	90 085	71 550	28 851	0,32	0,07	3 948	1,39	
	156	*115*	*173*	*132*	*48*	*11*	*154*	*70*	*149*	*69*	*87*	*175*	*136*	—	
Plauen i. V.	1 618 684	147 287	10.99	4 723 680	482 008	4,04	1 145 479	116 885	482 921	49 278	0,41	0,10	225 307	7,50	
	98	*79*	*101*	*71*	*37*	*28*	*50*	*73*	*38*	*29*	*102*	*55*	*12*		
Posen	3 997 106	260 398	15.35	13 424 796	874 580	4,27	3 170 337	206 537	1 030 145	67 110	0,32	0,08	409 673	7,29	
	57	*29*	*78*	*33*	*12*	*16*	*42*	*16*	*43*	*18*	*88*	*168*	*36*	*14*	
Potsdam	2 396 559	237 283	10.10	6 002 794	594 336	4,49	1 336 014	132 279	585 936	58 013	0,44	0,10	292 278	11,26	
	78	*38*	*107*	*60*	*30*	*8*	*74*	*37*	*64*	*28*	*17*	*103*	*48*	*4*	
Pyrmont, Pferdebetr.	200 000	63 091	3.17	167 939	88 857	5,55	30 260	16 011	20 759	10 984	0,68	0,12	1 025	0,02	
	165	*159*	*163*	*175*	*159*	*4*	*176*	*174*	*175*	*158*	*4*	*36*	*142*	—	
Recklinghausen	2 042 713	103 167	19.80	2 327 359	117 543	2,44	954 232	48 194	333 918	16 865	0,35	0,14	106 468	5,00	I,
	85	*127*	*65*	*94*	*143*	*135*	*93*	*140*	*85*	*116*	*63*	*20*	*78*	*0*	0,
														55	
Regensburg	838 572	116 793	7.18	1 716 959	239 131	2,69	638 959	88 991	140 820	19 613	0,22	0,08	—	—	
	126	*112*	*130*	*108*	*86*	*124*	*106*	*73*	*117*	*101*	*160*	*169*	—	—	
Remscheid	1 423 500	109 248	13.03	3 367 815	259 262	3,27	1 057 802	81 432	418 148	32 190	0,40	0,12	56 296	5,83	
	105	*124*	*88*	*85*	*77*	*78*	*88*	*81*	*75*	*58*	*36*	*37*	*96*	*32*	
Rheydt	2 235 826	97 549	22.92	5 277 388	204 075	3,32	1 591 870	61 557	493 166	19 071	0,31	0,09	155 387	5,46	
	81	*132*	*56*	*65*	*99*	*76*	*68*	*112*	*70*	*103*	*100*	*143*	*67*	*41*	
Rostock	1 135 500	120 670	9.41	2 575 588	273 708	2,55	1 009 840	107 315	241 864	25 702	0,24	0,09	70 365	6,18	
	112	*108*	*111*	*91*	*71*	*130*	*90*	*56*	*98*	*80*	*150*	*144*	*87*	*25*	
Ruhrort	2 957 308	169 182	17.48	5 411 987	306 802	2,95	1 836 528	104 817	611 831	34 684	0,33	0,11	219 178	5,07	
	69	*64*	*70*	*64*	*61*	*106*	*60*	*57*	*61*	*54*	*78*	*58*	*57*	*52*	
Saarbrücken, Saartalb.	7 574 662	200 653	37.75	10 294 116	272 692	3,16	3 252 497	86 159	1 004 895	26 619	0,31	0,10	373 852	3,40	7,4
	32	*54*	*28*	*43*	*72*	*94*	*41*	*77*	*45*	*74*	*101*	*104*	*39*	*0*	0,0
														86	
Saarbrücken, Gem. Guichenbach	1 262 900	96 848	13.04	1 464 798	105 305	2,39	613 361	44 950	195 789	14 075	0,32	0,13	81 007	5,28	
	109	*133*	*87*	*114*	*151*	*139*	*109*	*146*	*102*	*136*	*89*	*30*	*83*	*46*	
Schönebeck, Pferde-betrieb	152 000	58 462	2.60	407 076	180 922	3,69	110 297	49 012	30 698	13 644	0,28	0,08	1 522	—	
	167	*163*	*169*	*163*	*106*	*43*	*165*	*138*	*167*	*140*	*129*	*170*	*141*	—	
Schweinfurt, Pferde-betrieb	59 000	26 818	2.20	170 830	77 650	3,83	44 600	20 273	18 456	8 389	0,41	0,11	3 197	5,42	
	173	*172*	*177*	*174*	*167*	*35*	*174*	*169*	*177*	*171*	*30*	*59*	*138*		
Schwerin	950 000	109 321	8.69	1 371 370	166 631	2,05	668 435	81 219	152 608	18 543	0,23	0,11	28 395	2,99	
	120	*123*	*121*	*117*	*116*	*160*	*104*	*82*	*113*	*107*	*154*	*60*	*112*	*94*	
Sodingen	360 000	87 805	4.10	877 090	213 924	3,23	271 364	66 186	85 006	20 733	0,31	0,10	22 215	3,20	
	152	*144*	*149*	*139*	*93*	*80*	*144*	*107*	*140*	*94*	*102*	*105*	*116*		
Solingen	4 425 173	159 236	27.79	7 437 851	267 645	3,69	2 013 888	72 468	857 019	30 839	0,43	0,12	320 425	5,47	1,0
	51	*72*	*45*	*53*	*74*	*44*	*56*	*94*	*50*	*62*	*20*	*38*	*45*	*5,33*	3,3
														40	
Spandau	4 516 000	166 152	27.18	8 214 935	302 243	3,69	2 225 852	81 893	657 999	24 209	0,30	0,09	—	—	
	50	*67*	*49*	*48*	*63*	*45*	*50*	*79*	*59*	*83*	*109*	*145*	—	—	
Staßfurt	845 860	80 481	10.51	851 368	81 006	2,19	380 013	36 157	90 463	8 607	0,24	0,11	14 104	0,98	
	125	*151*	*105*	*143*	*164*	*154*	*133*	*156*	*137*	*169*	*151*	*61*	*125*	*115*	

1) Einschließlich Kraftwerk.

Hauptort des Bahnunternehmens	Anlage-kapital	Anlage-kapital pro km Bahnlänge	Bahn-länge	Personen-beförde-rung	Personen-beförderung pro km Bahnlänge	pro Wagen-kilometer	Wagen-kilometer	Wagen-kilometer pro km Bahnlänge	Betriebs-einnahme	Betriebseinnahme pro km Bahnlänge	pro Wagen-kilometer	pro Fahrgast	Rein-gewinn	Reingewinn in % vom Anlagekapital	Mill.
	1	2	3	4	5	6	7	8	9	10	11	12	13	14	15
teglitz	272 831	85 260	3.20	917 065	286 582	4,05	226 441	70 763	69 453	21 704	0,31	0,08	7,390	—	
	157	*148*	*162*	*134*	*65*	*26*	*153*	*98*	*152*	*88*	*103*	*171*	*135*	—	
tendal, Pferdebetrieb	54 468	22 695	2.40	269 073	112 114	3,21	81 848	34 103	25 876	10 782	0,32	0,10	8 323	8,32	
	174	*174*	*176*	*169*	*145*	*83*	*168*	*159*	*171*	*159*	*90*	*106*	*134*	—	
tettin	9 046 400	286 161	31.62	17 682 671	559 755	3,17	5 571 318	176 363	1 618 984	51 250	0,29	0,09	661 696	5,16	
	28	*24*	*35*	*24*	*32*	*90*	*22*	*27*	*27*	*33*	*117*	*146*	*24*	*51*	
tralsund	570 000	114 000	5.00	792 730	158 546	2,49	318 392	63 678	71 069	14 214	0,22	0,09	—	—	
	141	*116*	*146*	*148*	*123*	*134*	*140*	*109*	*150*	*135*	*161*	*147*	—	—	
traßburg	12 024 903	212 755	56.52	26 419 173	440 500	3,37	7 835 326	130 654	2 476 073	41 289	0,32	0,09	821 649	5,48	
	18	*48*	*15*	*18*	*43*	*69*	*18*	*38*	*20*	*42*	*91*	*148*	*21*	*38*	
tuttgart	11 779 728	243 232	48.43	32 951 395	778 993	4,25	7 761 029	183 476	2 860 381	67 621	0,37	0,09	1 057 852	6,92	
	20	*35*	*18*	*13*	*18*	*18*	*16*	*24*	*14*	*17*	*53*	*149*	*17*	*19*	
horn	1 058 504	121 539	8.71	1 668 729	191 588	2,94	568 427	65 261	165 023	18 946	0,29	0,10	—	1,09	
	114	*107*	*120*	*110*	*104*	*107*	*115*	*108*	*107*	*104*	*118*	*107*	—	*113*	
ilsit	1 013 280	92 961	10.90	1 381 230	126 718	2,09	662 350	60 766	132 196	12 128	0,20	0,10	—	—	
	117	*138*	*104*	*116*	*136*	*158*	*105*	*117*	*121*	*150*	*166*	*108*	—	—	
rier	1 531 210	159 667	9.59	3 048 877	317 923	3,23	938 530	97 866	290 419	30 283	0,31	0,10	71 485	4,00	
	102	*71*	*109*	*88*	*58*	*81*	*94*	*61*	*93*	*64*	*104*	*109*	*86*	*75*	
Jlm	520 000	58 035	8.96	2 200 000	245 515	3,01	730 000	81 473	165 000	18 415	0,23	0,08	—	—	
	145	*164*	*115*	*97*	*82*	*102*	*102*	*80*	*108*	*109*	*155*	*172*	—	—	
Valdenburg	2 667 195	141 052	18.91	4 786 195	254 315	3,44	1 390 586	73 889	557 138	29 603	0,40	0,12	245 037	5,85	
	73	*85*	*67*	*69*	*78*	*63*	*72*	*90*	*65*	*67*	*37*	*39*	*54*	*31*	
Valldorf	140 000	49 123	2.85	223 867	78 550	4,55	49 077	17 220	19 639	6 890	0,40	0,09	3 815	2,73	
	168	*166*	*165*	*172*	*166*	*7*	*173*	*173*	*176*	*172*	*38*	*150*	*137*	—	
Veimar	—	—	5.95	896 574	158 966	2,61	343 325	60 873	89 657	15 896	0,26	0,10	—	—	
	—	—	*138*	*135*	*121*	*127*	*138*	*116*	*138*	*123*	*143*	*110*	—	—	
Verder a. H., Pferdebetrieb	77 587	27 710	2.80	300 000	107 714	4,05	74 000	26 429	28 988	10 353	0,39	0,10	11 706	6,00	
	171	*171*	*167*	*168*	*148*	*27*	*170*	*165*	*169*	*162*	*41*	*111*	*128*	—	
Vermelskirchen	3 788 117	129 730	29.20	837 840	28 694	2,04	411 353	28 566	156 630	5 364	0,38	0,19	38 568	0,97	1,782
	58	*96*	*41*	*146*	*176*	*162*	*128*	*162*	*112*	*176*	*50*	*5*	*104*	0,54	1,264
														0,32	0,742
														—	
Viesbaden	10 674 000¹)	207 385	51.47	17 381 916	356 406	3,70	4 695 697	96 282	1 931 400	39 602	0,41	0,11	740 744	11,06	0,235
	22	*51*	*16*	*26*	*52*	*42*	*28*	*63*	*23*	*45*	*31*	*62*	*22*	5,92	9,550
														5,09	0,534
														0	0,355
														29	
Vitten, Ruhr	3 532 624	117 207	30.14	4 234 446	140 493	2,42	1 746 883	57 959	487 532	16 176	0,28	0,12	—	—	
	63	*110*	*37*	*76*	*133*	*137*	*61*	*124*	*71*	*121*	*130*	*40*	—	—	
Vorms	835 621	95 718	8.73	1 345 722	154 149	2,22	606 998	69 530	125 051	14 324	0,21	0,09	15 088	0,36	
	127	*136*	*119*	*119*	*127*	*151*	*110*	*100*	*124*	*133*	*163*	*151*	*124*	*118*	
Vürzburg	2 307 636	163 199	14.14	3 490 000	251 078	3,19	1 093 158	78 645	301 216	21 670	0,28	0,09	63 300	1,41	
	80	*68*	*81*	*83*	*81*	*86*	*86*	*86*	*91*	*89*	*131*	*152*	*94*	*108*	
ittau	733 094	95 829	7.65	1 923 600	268 659	2,20	874 010	122 070	171 658	23 975	0,20	0,09	—	—	
	133	*135*	*128*	*104*	*73*	*153*	*95*	*48*	*106*	*84*	*167*	*153*	—	—	
wickau	2 010 000	167 779	11.98	4 049 341	342 005	3,67	1 103 267	93 181	401 478	33 909	0,36	0,10	—	—	
	87	*65*	*95*	*80*	*56*	*48*	*85*	*67*	*77*	*55*	*57*	*112*	—	—	

¹) Schätzungsweise.

Druck von R. Oldenbourg in München.